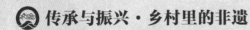

传承与振兴·乡村里的非遗

中国式现代化出版实践范例

U0395492

主审　王玉琦　徐峰

主编　裴战存　刘洋　段龙山

副主编　朴羽　杨司阳　潘佳宁

凝结时间的茶香

东北大学出版社

ⓒ 裴战存　刘　洋　段龙山　**2023**

图书在版编目（CIP）数据

凝结时间的茶香 / 裴战存，刘洋，段龙山主编．——
沈阳：东北大学出版社，2023.7
　　ISBN 978-7-5517-3330-4

　　Ⅰ．①凝… Ⅱ．①裴… ②刘… ③段… Ⅲ．①茶文化
—中国 Ⅳ．①TS971.21

中国国家版本馆 CIP 数据核字（2023）第 136409 号

出 版 者：东北大学出版社
　　　　　地址：沈阳市和平区文化路三号巷 11 号
　　　　　邮编：110819
　　　　　电话：024-83680176（总编室）　83687331（营销部）
　　　　　传真：024-83687332（总编室）　83680180（营销部）
　　　　　网址：http: // www.neupress.com
　　　　　E-mail: neuph@neupress.com
印 刷 者：辽宁一诺广告印务有限公司
发 行 者：东北大学出版社
幅面尺寸：170 mm×240 mm
印　　张：8
字　　数：120千字
出版时间：2023年7月第1版
印刷时间：2023年7月第1次印刷
策划编辑：向　阳　石玉玲
责任编辑：汪彤彤　周文婷　刘新宇
责任校对：袁　美
封面设计：琥珀视觉　潘正一

ISBN　978-7-5517-3330-4　　　　　　　　　　定　价：39.00元

《传承与振兴·乡村里的非遗》
丛书编委会

主　任：王玉琦　　徐　峰

副主任：刘延晖　　裴战存　　张燕楠

编　委：（按姓名首字笔画为序）

序言

插上非遗翅膀，助力乡村振兴

2022年12月12日，习近平总书记对非物质文化遗产保护工作作出重要指示强调：要扎实做好非物质文化遗产的系统性保护，更好满足人民日益增长的精神文化需求，推进文化自信自强。2023年1月2日，《中共中央　国务院关于做好2023年全面推进乡村振兴重点工作的意见》指出：实施文化产业赋能乡村振兴计划。出版单位作为文化产业的核心力量，有责任也有义务助力乡村振兴。策划出版推介有关传承和保护非物质文化遗产的系列图书，必然会在乡村文化振兴和乡村产业振兴中贡献智慧和力量。

"传承非遗，势在必行。"党和政府高度重视非物质文化遗产保护工作。2021年5月25日，文化和旅游部印发的《"十四五"非物质文化遗产保护规划》指出，"十四五"时期是全面提高我国非物质文化遗产保护能力和水平的重要时期，必须加强非物质文化遗产系统性保护，健全非物质文化遗产保护传承体系。2021年8月，中共中央办公厅、国务院办公厅印发的《关于进一步加强非物质文化遗产保护工作的意见》指出，保护好、传承好、利用好非物质文化遗产，对于延续历史文脉、坚定文化自信、推动文明交流互鉴、建设社会主义文化强国具有重要意义。同时指出，在实施乡村振兴战略和新型城镇化建设中，发挥非物质文化遗产服务基层社会治理的作用，将非物质文化遗产保护与美丽乡村建设、农耕文化保护、城市建设相结合，保护文化传统，守住文化根脉。

"传承非遗，创新先行。"中华非物质文化遗产种类繁多、形式丰富，包括民间文学、民间工艺、非遗传承人等。《传承与振兴·乡村里的非遗》系列丛书按照非物质文化遗产种类分篇，以讲述非物质文化遗产的历史起源、融合发展、保护传承为主要内容，包含追根溯源、传承技艺、振兴记忆、非遗名片、诗文链接、名词释义、拓展阅读等栏目，图文并茂，深入浅出，具有较强的知识性和可读性。在媒体融合方面，将"舌尖上的非遗""耳朵里的非遗""眼眸中的非遗"等短视频通过扫描二维码的方式嵌入书中，真正达到"足不出户、纵览非遗"的效果。同时，策划非遗相关文创产品，设计非遗文化旅行路线，通过非遗图书带动非遗市场。

"传承非遗，力学笃行。"丛书在出版过程中组建了若干团队。丛书编写创作团队长期工作在非遗一线，熟知非遗历史根脉，与非遗传承人保持紧密联系。丛书策划编辑团队奔赴全国各地实地考察调研非遗现状，获取第一手非遗资料，亲身经历体验非遗文化。丛书审稿专家团队在非遗研究领域具有较高的知名度和美誉度，力保非遗内容准确无误。丛书设计制作团队参考市场上的大量非遗图书封面和版式，力求非遗内容完美呈现。丛书编辑校对团队、文创设计团队、宣传推广团队等，为打造非遗精品系列图书倾尽全力。

"十年树木，百年树人。"2023年，东北大学定点帮扶云南省保山市昌宁县已十年，正值东北大学建校百年。十年昌宁定点帮扶取得显著成效，百年东北大学育人取得丰硕成果。系列丛书的出版既有"传承非遗，振兴乡村"之寓意，也蕴含着"传承百年，振兴东大"之深意。

"插上非遗翅膀，助力乡村振兴。"寄期丛书的出版能够在传承非遗的同时助力乡村振兴，能够通过乡村文化振兴带动乡村产业振兴，同时探索中国式出版现代化的实践路径，力争为出版行业高质量发展贡献绵薄之力。

丛书编委会

2023年5月4日

目录

第一章
稀有古茶树

古茶树有多珍贵

秋冬金黄春生翠

历经千年的古茶树

以云南为代表的中国西南地区是世界茶树的原产地，至今仍是中国乃至世界古茶林保存面积最广、古茶树和野生茶树保存数量最多的地区。古茶树生长在有"茶树自然博物馆"之称的千年古茶林，

古茶树（一）

这里雨水丰沛，土壤肥沃，气候温和，再加上当地人的勤劳与智慧，将茶树种在茂密的原始森林中，巧妙地利用生物多样性来防治茶树病虫害；落叶和野果的自然发酵，又为茶树提供了丰富的养料，并有效抑制了杂草的滋生。这些生长环境使古树茶成为内含物丰富、可以喝的"化石"。这里栽培种古茶树和野生种古茶树种植总面积达93.37万亩[①]，其中，集中连片栽培种古茶树（园）种植面积67.66万亩，共计2062.68万株。云南省多样而独具特色的古茶树相关茶产品，便是依托当地丰富的古茶树资源应运而生的。

一棵茶树存活上千年很难得，一个野生茶树群落则可能延续几千年。大量野生茶树群落的存在，不仅为证明云南是世界茶树原产地提供了"活化石"，也为茶产业发展提供了丰富而宝贵的种质资源。

唐代"茶圣"陆羽在《茶经》中说，"茶者，南方之嘉木也"，

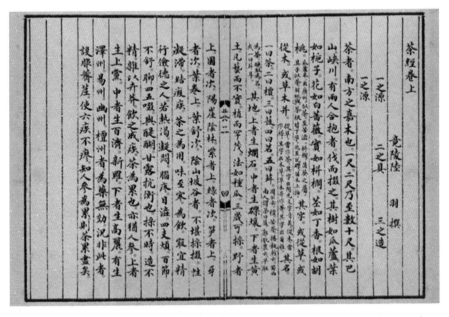

《茶经》节选

①　1 亩 ≈ 666.67 平方米。

指出了古时南方有茶的历史起源。唐代樊绰所著《蛮书》记载："茶出银生城界诸山。散收，无采造法。蒙舍蛮以椒、姜、桂和烹而饮之。"银生城在现在的云南省景东彝族自治县一带，而昌宁正处于银生城附近"诸山"之中。

1943年出版的《云南行政纪实》记载："昌宁境内百年老茶树触目皆是。"充分说明了昌宁古茶树分布广泛、数量众多。

据普查，云南省保山市昌宁县有11个乡镇分布着48个古茶树居群，分布面积49万多亩，有古茶树20余万株，品种有野生茶和大理茶，还有栽培型和两者杂交后的过渡型，其中野生大理茶7万多株、栽培型普洱茶13万多株、过渡型茶树1万多株。这些古茶树主要分布在海拔1500～2700米的山区，基部干径最大1.18米，植株最高16.8米。

昌宁县古茶树居群

漭水镇黄家寨古茶树群属于栽培型普洱茶树居群，联席村芭蕉林古茶树群属于典型的野生大理茶居群，田园镇石佛山古茶树群则属于过渡型明显的居群。2006年，昌宁县人民政府邀请中国农业科学院茶叶研究所虞富莲研究员、云南农业大学茶学专家蔡新教授和云南省农业科学院茶叶研究所王平盛研究员等对11个点的古茶园和最大古茶树进行考证，结论是：在昌宁县生长的古茶树植株不亚于云南省已报道的千年以上的古茶树，表明昌宁利用茶叶历史悠久，昌宁是名副其实的"千年茶乡"。

古茶树（二）

2006年，国际茶叶专家、中国工程院院士、中国农业科学院茶叶研究所原所长陈宗懋为昌宁县题写了"千年茶乡·昌宁"字匾。2016年11月，昌宁县邀请中国农业科学院茶叶研究所虞富莲研究员、云南省农业科学院茶叶研究所王平盛研究员和何青云副研究员等专家对遗存于碧云寺的古茶树进行调查鉴定。专家组一致认为，昌宁县属我国茶叶最适宜生长区，地处茶树原产地中心，碧云寺古茶树属栽培型灌木小叶种，种植于明洪武年间（1368—1398），树龄在600年以上，对昌宁茶文化的发掘整理和"碧云仙茶"的打造具有重要的历史和学术价值。

古树茶介绍

古茶市场的繁荣与兴旺是茶界的盛事，也为古茶树生存和保护带来了严峻的挑战。近年来，昌宁县成立了古茶树保护与开发协会，制定了《昌宁县古茶树保护技术规程》，对黄家寨、茶山河、芭蕉林、老寨子等古茶园开展了局部保护工程。在湾岗村、明德村等地对古茶树进行了抢救性保护，对重点古茶园和古茶树进行挂牌保护，把科学采摘、合理留养和品质研发当作重要工作来抓，有效地维护了古茶树资源的完整和健康成长，引领人们去探访昌宁古茶的神秘与韵味。

古茶树（三）

非遗名片

中文学名

古茶树

界

植物界

门

被子植物门

纲

双子叶植物纲

目

杜鹃花目

科

山茶科

属

山茶属

种

茶树种

分布区域

我国南方各地

古茶树的命运

新中国成立以来，古茶树经历了曲折的发展历程。在计划经济时代，古茶树由于经济效益不高，更多的是成为"四旁"植树，有的甚至因遮地夺肥和燃料匮乏而被刀砍斧劈，遭到毁灭。直至21世纪初，随着古茶产业的升温，经历千年风雨、躲过浩劫的古茶树才逐渐得到珍惜和保护。

被破坏的古茶树

2005年以前，人们对生态茶没有什么概念，甚至再往前一段时间，茶农都不去采摘古树茶，认识不足导致许多珍贵的古茶树就此消失，实属遗憾。

古树茶茶汤

　　中国是茶的故乡，不仅为世界贡献了茶叶，更为世界贡献了底蕴深厚的茶文化。2022年5月21日，在第三个国际茶日，国际茶日茶文化交流与古茶树非遗保护行动项目正式启动。人们敬重古茶树，保护古茶树，古茶树在新时代生机勃发。

泡古树茶

辗转千百年的茶中精品

　　古树茶产地地处云南边疆地区，且每年产量十分稀少。广东、北京、上海为云南普洱茶古树茶的主要消费地区，占云南普洱茶古树茶消费总量的65%。其次是浙江、江苏、四川和云南等地。统计结果显示：市场上以古树茶包装盒销售的"古树茶"中，仅有3%为真正的古树茶。正是因为在大众消费市场上很难买到真正的古树茶，所以古树茶能够越存越香、越存越升值。

古树茶为什么稀有

🌱 生产成本高 🌱

　　云南的古茶树树形高大，分枝众多，鲜嫩的茶叶多长在树梢和枝末，人工采摘费时费力。采摘完一棵高大的古茶树需要很长时间，采摘工作也存在一定的危险性，因此采茶的人力成本相对较高。并且大部分茶农为了让古茶树有足够的时间休养，一年只采春秋两季茶，茶叶量少，价格自然就会涨上去，正所谓"物以稀为贵"。

采茶工人在树梢采茶

古茶树不可"复制"

古茶树是一种"不可再生"的稀缺资源，而"物以稀为贵"，在市场规律主导下，古树茶便炙手可热起来。

虽然茶树不少，但古茶树少，野生型古茶树更少。古树春茶就像戈壁滩上的泉水，因少而珍贵。平地茶种植广泛，茶园一眼望不到边，产量巨大；古茶树稀少，产量低，品质高。

好茶人人都想要，当80％的茶友盯着20％的古树春茶时，古树春茶就成了供不应求的商品。

古树春茶

无污染、内质丰富

首先，古茶树的生长环境远离一切现代污染，不使用任何农药、化肥，保持最原始的生长状态。

其次，古茶树是一种稀缺性资源。最大的特点在于树龄优势——大树龄，韵更深。古茶树根系发达，能够汲取土层深处的营养物质，所以产出的茶叶内含物质丰富，滋味醇厚。

古茶树（四）

腐叶成为天然的养料

好的制茶工艺是成就优质古树普洱茶的关键。只有真正把控好每一个环节，才能制作出好茶，比如杀青时对温度的把控、揉捻的力度、压饼的轻重……

古茶树下
香飘万里

古树普洱茶

古树茶为什么珍贵

古树茶因其独特的生长环境和稀有性，更因其优良的品质和精湛的加工工艺而颇具收藏价值。有收藏价值的古树茶须具备以下几个条件。

第一，古树茶的茶饼必须采摘自百年以上的古乔木树，且必须是纯料，不能有拼配，否则会影响日后的口感和茶饼的储存升值空间。

古树茶饼

第二，古树茶的茶饼必须以精湛的加工制作技艺手工精制而成。其中，以国家级非物质文化遗产——普洱茶制作技艺精制的古树茶收藏价值最高。如是机器压制，或制作技艺不精湛，则后期口感提升空间和升值空间较小。

手工炒茶

相较于日产千斤的机器制茶，人工制茶劣势很多：炒青环节技术要求高；晾晒环节依赖天气，若是不幸遇上几天阴雨，茶叶吸潮

手工挑选叶片

霉变，一锅好茶就前功尽弃了；生产效率较低，为了保证茶叶的品质，炒茶师傅每天制作的茶量是有限的。除此之外，人工揉捻、挑拣焦叶等工艺也需要花费大量时间，时间就是金钱，珍品少为贵，佳名远更夸。

　　第三，古树茶的茶饼必须储存在干燥通风、条件适宜的环境下。如储存在潮湿或有异味的环境，则升值空间非常有限，甚至会导致无法长期保存。

古树茶储存环境

非遗名片

中文名

茶饼，多指团茶

别名

紧压茶、饼茶、普洱饼茶

主要原料

茶树叶，香料

是否含防腐剂

否

主要营养成分

茶多酚，矿物质

储藏方法

阴凉干燥通风处，避免异味

独特的生长环境

昌宁县最低海拔608米，最高海拔2876米，山高谷深，立体气候特征突出。冷暖气流回旋、碰撞、融合，形成了如诗如画、若仙若神的云雾世界。云雾山中出好茶，上山上水出上品。

多雨多雾的环境

昌宁有好茶，乃自然造化。中国茶区分布广泛，昌宁的地理坐标为东经99°16′~100°12′、北纬24°14′~25°12′，地处中国茶区的核心区域。奔腾的澜沧江造就了云南奇特的地理地貌，孕育了云南著名的大叶种茶。纵观云南茶叶主产区，有两条神秘线穿过：一条是东经100°线，另一条是澜沧江大峡谷。

古树茶

西双版纳、普洱、临沧、保山，恰如一颗颗璀璨的明珠镶嵌在澜沧江沿岸，展布于东经100°线两侧。昌宁县位于澜沧江流域茶叶主产区的北端，大部处于东经100°线以西，澜沧江自西北向东南从中流过，巍巍天堂山雄踞境北，形成了这里独特的区位优势。

天地之气、日月灵光

古茶树生长环境

诗文链接

再用晨吐字韵寄潘德久

宋·敖陶孙

舍人宾日姿，起居庭燎晨。

岂惟瑞朝廷，荐绅目多闻。

就如田甲嘲，死灰果不然。

那知硕果剥，中有一念仁。

稽古得微酬，橚具峨进贤。

琴为悲风弹，茶必活水煎。

平生转庵诗，小当寿千年。

忽闻朔方骚，更欲腰黄间。

向来扑朔豪，日者今华颠。

拓展阅读

唐伯虎与茶

有一天，好友祝枝山来到唐伯虎的书斋，让唐伯虎出题猜谜，唐伯虎笑了笑说道："我这里正好作了一道四字谜，你要是猜不出，恕不接待！"说完，便缓缓吟出谜面："言对青山青又青，两人土上说原因；三人牵牛缺只角，草木之中有一人。"不一会儿，祝枝山便得意地敲了敲茶几说："倒茶来！"唐伯虎知道他猜中了，于是请祝枝山入座，又示意家童上茶。原来这个四字谜正是"请坐，奉茶"。

第二章

认识古树茶

青青茶园一幅画

昌宁县的古树茶

茶在我国有着数千年的种植历史。我国是世界上最早种植茶的国家。全世界共有380余种山茶科植物，在我国西南山地就分布有260多种。云贵高原被确定为世界茶树的起源中心。

明清两代，云南地区开始大规模有组织地种植栽培型茶树，是普洱茶形成并走向辉煌的时期。如今，在澜沧江流域海拔1000米以上的高山林地中保存下来的古茶树，多数是明清时期的。景迈山古茶园是现今保存面积最大、古茶树最多的茶园。这些高大的大叶状茶树和多种树木交杂在一起，或成片分布，或单株散生，历经几百年的风雨，依然郁郁葱葱，生机盎然。

景迈山古茶园

千年茶乡

昌宁县漭水镇，神秘古茶树群落

云南省昌宁县是一个年轻的多民族山区农业县，昌宁蕴含"昌盛安宁"之意。昌宁位于云南省西部美丽的澜沧江畔，地处滇西大理、临沧、保山三地接合部，属保山地区，面积300多平方千米，山

昌宁县漭水镇美丽风光

区面积占97.05%，全县林地面积达308万亩，森林覆盖率为68.8%。境内居住着彝族、白族、傣族、壮族、苗族、回族等少数民族，占总人口的9.8%。八成以上人口居住在山区。"山广人稀"成为制约昌宁经济社会发展的实际问题。

昌宁年均气温15.3℃，年均降雨量12477毫米，无霜期253~329天，属澜沧江水系与怒江水系的连接带，有"一山分二水，滴水漂两洋"的自然奇观。

（图片来源：昌宁县文化馆）

昌宁境内立体气候明显，昼夜温差较大，空气洁净，碧水潺潺，得天独厚的自然禀赋为茶叶生长和品质提升提供了优越的条件。昌宁县是全国重点产茶县、中国茶叶百强县、全国首批四大优质茶叶基地县、中国十大生态产茶县、中国优质红茶示范县和全国十大魅力茶乡。

在昌宁的村寨中，如今还有许多因茶而得的地名，如茶山河自然村、茶山坡村、茶铺岭冈村等。历经百年沧桑及发展，至1949年，全县茶地面积15067亩，茶叶产量达300多吨。1953年，右甸勐廷人杨德忠开始试制红茶，开启了昌宁制茶工艺探索之路。同年，采茶能手李翠英被评为"全国三八红旗手"。1958年，建设昌宁红茶厂，且当年建成投产。

其后几十年时间，昌宁红茶厂成为全省十二个重点制茶企业之一，荣获"云南省先进企业"等众多表彰奖励，接待了来自四面八方、络绎不绝的参观考察人

援助非洲茶叶种植技术

员。1967年，茶叶技术员杨德选参加中国茶叶专家组赴非洲马里开展技术援助。

1982年，新华茶厂厂长李洪昌参加团中央第三批中华青年研修考察团赴日本研修。1987年，世界银行专家戈林（美国）、纳塔尼尔（斯里兰卡）等到昌宁考察茶叶，开启了外国人到昌宁考察茶叶的先河。其后，日本、德国、印度等国专家和客商到昌宁考察，给予了"自然条件好、品质优良、可加快发展"的评价。2016年，昌宁县茶地面积达30.03万亩，产量达24220吨，工农业总产值达1649亿元，是全国重点产茶县。在温泉、漭水、田园、翁堵建成了一批标准化茶园，发展起昌宁红茶业集团公司、龙润公司、尼诺公司、黄家寨古树茶厂、易佑茶厂、勐鑫茶厂、华龙公司等一批制茶企业，打造了"昌宁红""尼诺""漭水源头""天堂山""祖根红"等一批知名品牌。

追根溯源

昌宁植茶历史的文献记载最早可上溯至宋元时期，明朝的记载较为详尽。《顺宁府志》记载，碧云寺是明洪武年间（1368—1398）僧人所建，僧侣在寺庙周围及后山植茶，制成芳香馥郁、汤色碧绿的"碧云仙茶"，"状似仙桃"，相传曾作为贡品。

《顺宁府志》

明代地理学家徐霞客画像

据明景泰年间（1450—1457）的《云南图经志书》记载，"勐峒（今勐统）山所产细茶名湾甸茶，谷雨节前采者为佳"，另外还有"土司贡茶"的记载。昌宁是茶马古道上的重要驿站，公元1639年，明代地理学家徐霞客到祐甸（今昌宁），还专门探访了茶马集市。

千年茶乡漭水镇

漭水镇种茶历史有上千年，是全县古茶树数量最多、分布最广的乡镇之一，是昌宁乃至滇西野生型、栽培型茶树的重要原产地。据2019年全面普查统计，漭水镇9个村（社区）都分布有古茶树，拥有古茶树群23个，群落代表有漭水社区黄家寨、沿江村茶山河、河尾社区老寨子、明德村大山头、老厂村野猪山古茶树群等。全镇共有古茶树84485株，其中，块状分布面积2029.5亩，株数61554株，占总株数的72.9%；单株分布22931株，占总株数的27.1%。

古树茶叶

目前较大的133株古茶树的树龄在500年以上，其中，500～600年的古茶树有71株；600～700年的古茶树有29株；700～800年的古茶树有6株；800～1000年的古茶树有13株；1000年以上的古茶树有14株，是"茶乡"漭水种植年限最早的栽培型茶树。黄家寨大叶茶是云南少数地方性良种之一，黄家寨是名副其实的"千年茶乡"。对于古树茶，我们提出保护性开发利用：保护靠大家；至于开发利用，黄家寨有100多家农户，其中80多家从事加工古树茶工作。

昌宁县漭水镇的传统建筑

古茶树（五）

"百岁千岁"古茶树

云南的古茶树与其他树木一同生长在森林中。森林是一个完整的生态系统，落叶和枯草在微生物作用下被分解成植物生长所需要的营养元素，不需要人工施肥。

与此同时，古茶树自身修复能力很强，病菌和害虫被森林和土壤分解，不需要喷洒农药。古树茶是一种全天然的绿色饮品。

新采摘的古树茶叶

"基于3S技术集成的昌宁县自然资源综合智慧监管平台"由东北大学进行技术帮扶和资助，车德福教授团队经过现场调研、集中攻关研发和现场安装调试，历时一年完成。"基于3S技术集成的昌宁县自然资源综合智慧监管平台"支持包括矿产资源开发智慧监管、土地利用智慧监控、地质灾害隐患点智慧监管等在内的多个核心业务系统。针对矿产资源开发监管盲区，平台研发了固定端产量及运输数据自动采集与上传技术，实现了对石灰石和地热水等矿产资源产销量的实时监管；针对土地利用违法违规问题，平台研发了移动端众源数据采集技术和固定端监测图像自动变化检测技术，实现了地块面积、位置和属性等信息的综合采集上报，可以第一时间发现违法违规行为；针对地质灾害点数据汇总不畅等问题，平台研发了专门的数据接口转换技术，实现了地质灾害数据的汇总与实时显示，提高了数据利用效率和预警效果。平台设计了界面友好的智慧显示大屏，可对所有监管数据进行实时显示和统计分析，对于全面提升昌宁县自然资源监管的信息化和智能化水平具有重要意义。

　　网址：http://neunews.neu.edu.cn/2022/0112/c191a75653/page.htm

古树春茶

　　古茶树是指分布于天然林中的野生古茶树及其群落、半驯化的人工栽培的野生茶树和人工栽培的百年以上的古茶园（林）中的茶

古茶树的叶片
宜制红茶、绿
茶和普洱茶

树。凤庆地区的"锦绣茶祖"是世界上最老的古茶树，树龄已有
3200年。

　　近年来，受普洱茶热的影响，每逢春季，云南各大茶山都人头
攒动，很多人到茶山旅游。这些人中，有茶商，也有喜爱普洱茶的
茶客。他们或流连于茶树之间，或聚在一起，静心品味新茶的韵味。

不论是茶商，或是茶客，他们看的是古茶园，寻找的是有上百年树龄的古茶树，喝的、谈论最多的是古树茶，而对交通便利的现代茶园却并不感兴趣。

冲泡古树茶

百岁以上才是"古"

冲泡大叶古树茶

一般来说，业界将树龄超过100年的乔本大叶种茶树称为"古茶树"。这个"古"字突出了茶树地位和定位。"古茶树"和"古树茶"可谓你中有我，我中有你。"古树茶"三个字在茶友圈里深入人心，甚至成为很多资深茶友追捧的对象。

入口醇厚的古树茶

古树茶，在中国有几类，比如野生古树茶、生态古树茶等，但是不管哪一类，一说古茶树，都是指树龄至少100年的茶树。60~100年树龄的茶树所产的茶叶，称为"老树茶"。

古茶树的根部深入土壤，便于吸收地下深层土壤的养分，并将其转化为营养物质。因此古树茶内含物质丰富，古树茶叶也因此更

古树茶

加耐泡，更具香气，滋味醇厚，回甘生津。

✔明星茶品～

那么，古树普洱茶究竟是怎样流行起来的呢？为什么数百年间古茶树都是"养在深闺人未识"，直到近年才"飞上枝头变凤凰"呢？古茶树是指存活百年以上的乔木茶树，世界上在中国云南西双版纳茶区、临沧茶区、普洱茶区，老挝北部丰沙里省有古树群落，数量稀少。而在一些"骨灰级"茶友的标准中，则必须是300年以上树龄的茶树才能被冠以"古树"之名。

古树普洱茶

古茶树根植较深，所需水分及营养均靠树根吸收，所含的矿物质比较多。古树茶叶属于环保型茶叶；古茶树已适应当地的生态环境，能够抵抗各类病虫害，故无须使用农药，与其他茶相比，更自然，无污染。

❧ 根部用来吸收营养 ❧

因为古茶树根植较深，不需要人工浇水施肥，茶树本身所需水分及营养都是靠树根吸收传递完成的，所以茶叶所含的矿物质相对较多。加上经过数百年的自然选择，古茶树的生命力非常顽强，不需要人工喷洒农药驱除病虫害，因此也不存在农药超标问题。可以说，古树茶的意义在于岁月的累积。

国内古树茶仅分布于云南的古六大茶山和新六大茶山茶区，产量十分稀少，并且采摘较难，因此价格比台地茶更高。

古茶树发达的根系

非遗名片

中文名

古树茶

界

植物界

科

山茶科

属

山茶属

组

茶组

分布区域

云南

特征

香气深沉、苦涩回甘

茶香四溢的古树茶

茶农不采制冬茶使古茶树得以养精蓄锐，春季又是万物生长的季节，茶树吸足了秋冬季节腐烂的树叶提供的养分，萌发出的芽叶肥硕厚实、白毫清晰可见，朝气蓬勃。

昌宁县的古树春茶，新茶茶汤入口温润绵滑、滋味鲜爽、生津快、回甘猛、口感层次丰富。茶香浓郁，与花香、果香融为一体，缔造出更馥郁、更迷人的香味。汤汁入口，香气下沉，萦绕舌面，暗香徐徐。古树春茶还有一大优点：涩感弱。涩感温柔，泡到尾水涩味才会显现出来，耐冲泡，对于不喜欢苦涩的茶友来说是一大福音。

古茶树（六）

诗文链接

浣溪沙·簌簌衣巾落枣花

宋·苏轼

簌簌衣巾落枣花，村南村北响缲车。牛衣古柳卖黄瓜。

酒困路长惟欲睡，日高人渴漫思茶。敲门试问野人家。

苏东坡与茶

相传宋代大诗人苏东坡在一次出游时，来到一座道观中休息。道观中主事的老道见苏东坡相貌普通，衣着简朴，便对他态度冷淡，说了声："坐！"又对道童说了句："茶。"等到苏东坡坐下，二人交谈之后，老道才觉得客人才学过人，来历不凡，于是把苏东坡带到厢房中，客气地说道："请坐！"并对道童说："敬茶。"

经过深入交谈，老道才知道原来对方是著名的大诗人苏东坡，顿时肃然起敬，连忙说道："请上座。"把苏东坡让进客厅，并吩咐道童："敬香茶。"

苏东坡在客厅休息片刻，准备告辞离去。老道连忙请苏东坡题写对联留念。苏东坡淡然一笑，挥笔写道："坐请坐请上坐，茶敬茶敬香茶。"老道看完后，顿时面红耳赤，羞愧不已。

第三章
古树茶工艺

人人都夸古树茶

非遗保护制茶法

传统技艺

一块石头，经历千百次雕凿变成令人惊叹的雕像；一片叶子，经历几十道工序变成让人追寻的鲜茗。制茶过程的关键环节是杀青和揉捻。

每年3月到11月，制茶师都浸在深山茶林间，在浓郁的茶香中，

手工制茶

挥洒劳动的汗水，见证一片片嫩芽在自己的手中发酵、沉淀，褪去青涩，留下古朴的色泽和醇厚的香味。

陶器茶具

　　昌宁茶叶具有经久耐泡、内质鲜爽、香高持久、水浸出物丰富等特点，深受国内外爱茶人士的青睐。昌宁植茶历史悠久，茶文化源远流长。从昌宁出土的商周时期形似茶罐的陶器推断，早在3000多年前，昌宁人就有喝茶、用茶的习俗。

古树茶制茶器具

　　茶叶筛选机能够提高匠人的效率和茶叶产量。可以根据需求对茶叶叶片的大小进行筛选，去除杂质，大大减轻人工挑选茶的负担。

茶叶筛选机

茶锅

手工筛子

　　融合发展促振兴。为解决茶农各吹各打的小、散、弱问题，打破有名气无效益、有产品无品牌、有产出无规模的发展瓶颈，漭水镇党委、社区党总支充分发挥党组织引领作用，会同部分茶企，组建漭水镇茶叶协会，树立大品牌引领大发展的意识，制定茶叶加工制作标准化体系，统一加工标准、统一品牌、统一SC认证，提高古树茶市场准入门槛。

　　网址：http://www.yncn.gov.cn/info/4818/8341280.htm

古树茶制茶方法

第一步：采茶

高大的古茶树，只能通过人工采摘。一般采摘标准为一芽一叶或一芽二叶。按照采摘季节的不同，可以分为春茶和秋茶，俗称

"春尖"和"谷花"。

鲜叶必须达到一定的成熟度，以一芽二叶为佳；如果选用更高嫩度的单芽或者一芽一叶，所制晒红更适合两年以内饮用，反而不适合长期储存。

第二步：杀青

进行短暂高温处理，去除茶叶中过多的水分，以软化茶叶，这个过程便是俗称的"杀青"。杀青必须采用优质树枝，比较容易生火，高温持续时间更久。随着锅内温度升高，匠人将晾晒好的鲜叶倒进锅中，茶叶一接触高温，立即发出噼里啪啦的响声。翻、挑、推、抖，茶叶在匠人手中翻若游龙，这些动作要做上百次，才能把一锅茶叶处理好。杀青时要根据茶叶的香味和韧度确认炒茶的程度，当出现甜香味和蜜香味，茶叶条索用手掰不断时，便可以出锅了。

筛茶、杀青

中文名

杀青

释义

绿茶、黄茶及部分

红茶初制工序之一

主要应用

茶叶

领域

农业

杀青（有些种类的茶需要自然萎凋）

自然萎凋

古树晒青

第三步：揉捻、发酵

揉捻能将成片的茶叶搓成条索状，为之后的步骤做准备。

揉捻

　　揉捻是茶的塑型工序。通过揉捻使其形成紧结弯曲的外形，对其内质改善也有所影响。揉捻可以卷紧茶条，缩小体积，为炒干成条打好基础，并且适当破坏叶片组织，完成物质转变。

　　晒红更偏向于有氧发酵，有学者甚至认为偏向于氧化，发酵程度相对轻。而其他传统红茶都采用重渥堆发酵，这样的茶叶底容易枯、僵、死，还会出现堆味，各类物质容易失去活性，不适合长期储存。

第四步：晒干

　　古树茶一定要在太阳光下自然晒干，这样才能保持原始香醇的口味。

自然晒干

　　这一点与普洱茶晒青毛茶的干燥工艺相似，但晒红毛茶的水分要少于晒青毛茶，即晒得更干，否则容易产生返青现象。晒干后，

自然晒干

还要拣剔不协调的老梗老叶，并清除碎末与杂质。茶叶干燥后再泡的主要原因是茶叶中含有大量水溶性维生素（如维生素C）、叶绿素、咖啡碱等，这些物质在高温下容易氧化。另外，茶叶中含有茶多酚，这是一种抗氧化剂。

第五步：压型

压型是指用纱布将固定种类和重量的普洱茶装好，蒸汽软化茶叶后，将其压制成饼、沱、砖、瓜等形状。

压型

茶饼

追根溯源

为什么要压型

（1）方便运输。古树茶产于云南，那里山高路远，交通不便，古时无论是销往边疆地区，还是进贡朝廷，都要用马来运输。为了便于运输，减少运输过程中的损耗，就将普洱茶压成饼形，这样既节省了空间，也便于存放。

茶饼

（2）利于后期转化。普洱茶具有后发酵的属性，良好的陈化会让茶口感风味更佳。一个好的陈化条件，需要保持一定含水量、适度密封和避免光照，而将普洱茶紧压成饼后就产生了这样的小环境，更有利于后期转化。

干茶球

（3）方便储存。茶叶的吸附力较强，如果过分和空气接触，很容易吸收空气中的水分而出现受潮发霉的现象。而将茶叶压成饼状，在长期储存中，可以减少茶叶接触空气的面积，而更好地保存茶的品质。

第六步：风干与存放

　　成型后的茶叶要放置在阴凉通风处，等待茶叶干燥定型。无论是饼茶、砖茶还是散茶，都应存放于清洁、干燥、无异味、空气相对稳定的环境中，避免高温及阳光直射。

茶叶存放

第七步：包装

　　每一饼古树茶，都需要纯手工用绵纸包装，以便后期储存和转化。

　　在实际操作过程中，有些工序（如揉捻、压型），需要反复进行。每一件茶饼都是经过制茶师傅精心制作，倾注大量心血才完成的。

茶叶包装与茶砖

以道驭术

蒸压成型

古树茶采茶者按一定标准严格选择采摘地和采摘时间，遵照具体技术要求与自然规律，以手摘方式采选原料。原料备齐后进入杀青、揉捻、日晒环节，以特定工艺将鲜叶加工成晒青茶。随后是蒸压成型，即通过蒸、揉、压、定型、干燥、包装等工序将晒青茶制成成品。

工匠精神

把工匠精神融入骨子里，变成执行力，才有可能永不过时，永远赢得消费者的拥护和信赖。产品品质是品牌和企业的生命线。弘扬工匠精神，笃定长期主义，铸就古树茶品质之基。

茶区传统做法是爷爷做茶，孙子卖，一饼茶跨三代，代代传承……一杯茶，滋味、品味、真味，三味俱足；一杯茶，生意、生活、生命，三生有益！这就是一种长期主义。

坚持传统

真人真事真茶山，匠人匠心匠传承！对工匠精神最大的敬意，莫过于对长期主义的笃定，真相信、真去做！做匠心好茶，昌宁县漭水镇一直在努力，古树茶制茶技艺将继续发扬传统，助力乡村振兴，把更多好茶带给爱茶之人，让爱茶人喝到好茶！

古树茶的制作工艺为何能成功申遗?

紫砂茶壶

物质文化遗产与非物质文化遗产的区别

　　非物质文化遗产突出的是非物质的属性，更多的是强调不依赖物质形态而存在的品质。非物质文化遗产是民族个性、民族审美习惯的"活"的显现。物质文化遗产主要包括历史文物、历史建筑（群）和人类文化遗址等，非物质文化遗产包括各种实践、表演、表现形式、知识体系和技能等。也就是说，中国茶的一些传统制作工艺为非物质文化遗产。

中国茶有数千年的历史文化支撑

早在秦汉时期的《神农本草经》中就有"神农尝百草，日遇七十二毒，得茶而解之"的民间传说（"茶"即为今天的"茶"）。虽然目前无法证明这个美丽的传说是否真实，但至少说明在神农时期很可能已经有茶叶存在了。

古茶树林

关于茶，最有力的历史记载可以追溯到唐代陆羽所著的《茶经》，它证明早在我国唐代就已经有了比较完整的茶文化体系。

我国是世界上茶叶种类最多的国家

在长时间的历史变迁中，我国制茶先辈运用杀青、闷黄、渥堆、萎凋、做青、发酵、窨制等核心技艺，研发出绿茶、黄茶、黑茶、白茶、乌龙茶、红茶六大茶类及花茶等再加工茶，共计2000多种茶品，供人饮用。目前，我国是世界上茶叶种类最丰富的国家，且每种茶都有各自的制茶工艺，这些都是实实在在的非物质文化遗产。

古茶树

我国是世界上茶学体系最完善的国家

自1939年"当代茶圣"吴觉农在复旦大学开设茶叶专修科开始，我国的茶学教育体系逐渐完善。茶学教育体系不仅有茶历史文化、茶叶种植管理、茶叶制作、茶叶审评、冲泡技艺、茶具鉴赏等基础课程，也有与茶相关的食品、服饰研究、茶叶化学物质提取等实验课程，使现代人对茶的认知更加全面。

茶在发展过程中丰富了人们的精神生活

人们常将茶比作温润君子，以茶雅志，来表达淡泊的品质。茶叶在水中的浮沉、泡茶时拿得起放得下的态度、喝茶时宁静致远的心境，不正是"茶如人生，人生如茶"吗？

茶从药用、食用演变成今天最为普遍的饮用，在这个演变过程中，形成了不同的饮茶习俗，并且世代传承，至今贯穿于中国人的日常生活和节庆活动中。从某种意义上讲，茶已经成为人们的一种精神寄托和文化载体。

我国茶相关研究人员、制茶人等爱茶人的不懈努力

有人说："茶本就是中华传统，有必要去争那一纸证明吗？"非常有必要！茶起源于中国是不争的事实，但并非全世界都知道，也并非人人都认可。所以中国传统制茶技艺及其相关习俗申请"世界非物质文化遗产"这件事有着重要的意义，这也是长期以来茶相关研究人员、非遗传承人、制茶人等爱茶人一直努力的原因。

　　我国茶品众多，对我国不同茶叶的制作技艺进行整理和记录，本就不是一件容易的事，需要结合茶叶的生长状况，跟踪完整的制茶过程，并且呈现出来。关于茶的习俗，不同的地方有不同的社会实践，在实践过程中又形成了各自的鲜明特点。茶习俗得以传承并被世界看见，离不开每个爱茶人的坚持与努力。

制茶

　　茶起源于中国，"中国传统制茶技艺及其相关习俗"是祖辈留给我们的宝贵财富，也是全世界人民有目共睹的事实，"中国茶"申遗成功是必然的结果。这次"中国茶"成功申遗，不仅提高了我们的茶文化自信，更向世界展现了茶——这片来自中国的东方树叶——的真正魅力。

古树普洱生茶的冲泡方法及注意事项

用茶刀顺茶饼（沱、砖）分层处慢慢撬取，可按喝茶人数多少决定取茶数量。若人少，可取普洱茶8～10克；若人多，可取普洱茶15～20克。

将茶叶放入茶壶，注入热水后倒掉热水。

选用矿泉水或纯净水，水温以90～100 ℃为佳。

茶刀

根据实际情况把握冲泡方法

将茶壶中的茶汤倒入公道杯中，保持茶汤浓淡均匀，再均匀分入小杯中。注意杯子的选用，最好选用大一点、晶莹剔透的玻璃杯。初学者最好选用玻璃杯或盖碗来冲泡，而且要注意茶叶取量和水的温度。在生活中普洱茶生茶的泡法有很多，可根据自己的习惯选择。

喝茶陶器

追根
溯源

昌宁县部分古茶树群欣赏

由于古茶树的珍贵与稀有，昌宁县组织人员细致统计了目前昌宁县的古茶树数据。

天堂山古茶树居群地处昌宁县大田坝镇湾岗村境内，有古茶树6418株，最大树龄在2000年以上。

天堂山古茶树居群

九道河古茶树居群地处昌宁县漭水镇翠华村境内，有古茶树522株，最大树龄在2000年以上。

九道河古茶树居群

茶山河古茶树居群地处昌宁县漭水镇沿江村境内，最大树龄在3000年以上，有"茶王树"之称。

茶山河古茶树居群

羊圈坡古茶树居群地处昌宁县漭水镇沿江村境内，有古茶树1267株，最大树龄在2000年以上。

羊圈坡古茶树居群

大窝塘古茶树居群地处昌宁县漭水镇沿江村境内，有古茶树702株，最大树龄在2000年以上。

大窝塘古茶树居群

大柳树古茶树居群地处昌宁县漭水镇联福村境内，有古茶树1230株，最大树龄在1000年以上。

大柳树古茶树居群

诗文链接

山泉煎茶有怀

唐·白居易

坐酌泠泠水，

看煎瑟瑟尘。

无由持一碗，

寄与爱茶人。

白居易与茶

第四章

区分古树茶

彩云深处是我家

台地茶与古树茶

重拾古树茶

　　茶农刚开始做普洱茶生意时，销量最好的是大型茶厂专业技术人员拼配的茶饼，专门买古树茶的人并不多。后来茶友们发现古树茶香气浓郁，便时常上山寻访古村寨，并在漭水镇发现了两三百年树龄的古茶树。现在，越来越多的茶友热衷于探访寻觅古茶园。

探访古茶树

古树茶与台地茶

✔ 台地茶 ✔

台地茶是指运用现代茶叶种植技术、新种植、密植高产的现代茶园产出的茶叶。它们通常树龄较短，品种较新，由于密植和过多的人工增产干预，茶叶品质较老树茶稍逊。该类茶园的基本特点是"集中连片、高产"，伴随的是"喷药施肥、中耕修剪"。该类茶人工栽培后一直处于相对较好的管理中，如修剪、施肥、打药等是台地茶管理过程中的基本措施。所以，台地茶也可以说是人工种植茶。

✔ 古树茶 ✔

古树茶是指以生长多年的乔木型大茶树的鲜叶为原料，经过复杂工艺制作而成的普洱茶。这些茶树至少有百年的树龄。目前，在云南的古六大茶山和新六大茶山中，的确存有一些超过100年树龄的古茶树，但数量并不多，产量更是稀少。

而真正骨灰级普洱茶爱好者心目中的古树茶，大都产自树龄超过300年的乔木型大叶种茶树。至于只有几十年或者一两百年的茶树产的茶，他们将其称为大树茶。

干茶条

外形对比

古树茶的叶片脉络十分清晰，革质感明显，边缘的叶齿没有规律，叶片背面没有茸毛，即使有也很少，而且叶子整体相对厚实壮硕。台地茶的叶片非常单薄，叶片边缘的锯齿非常规律，背部的茸

外形对比

毛较多。从干茶的外形上看，古树茶的条索更加粗大，颜色更深，色泽更加乌润有光；台地茶颜色偏浅。

古茶树上采摘茶叶

台地茶树高在1米左右，因为是栽培的，叶身比较单薄，叶子裙边呈波浪形，叶边齿状呈规律性，叶背多毛。

台地茶树

✔ 香气对比 ✎

古树茶的香气悠长持久，非常稳定。与之相反，台地茶的香气有些飘忽不定，持续时间较短。尤其是多次冲泡之后，古树茶的茶汤仍然有香气；而台地茶就会淡而无味，香气散失较快。另外，古树茶有很独特的韵味，不同山头、不同树种的香韵不一样。而台地茶很难做出沉稳内敛的香韵，因为它的生长年限不够，茶叶中的营养物质不足。

✔ 口感对比 ✎

纯正的古树茶有"三香"。

一是干茶香。嗅茶饼就有十分明显的兰香，其香气强度只有优质野茶才能产生。

二是茶汤香。茶汤香气突显而持久。纯正古树茶在茶汤中能品出兰香味，而且可以持续到10多泡后。

三是杯底留香。杯底香是古乔木茶山野气韵的最直观表现。古树茶由于混生于山野之中，山野之气强烈，杯底香强而持久，10多泡后仍可嗅到。

古树茶会带来丰富的口感。正所谓苦强涩弱，涩味也是判别一款茶叶是否为古树茶的方式。古树茶的苦涩味化得极快，几乎让人感受不到苦涩味，随之而来的就是回甘。并且古树茶可能会带有一些花香味。

古树茶的滋味十分特别，苦涩度很低，哪怕有一点点苦涩，也很快就会化开，形成回甘，并且生津持久。古树茶的茶汤十分爽滑，即使有很厚重的黏稠感，也因为内质丰富，不会出现强烈的刺激性口味。同时，古树茶特别耐泡，能够真正做到10泡以上有余香。

台地茶的口感，滋味较强，但是整体比较单薄，有一定的苦涩

古树茶汤

味，回甘和生津不能持久。更重要的是，台地茶的耐泡度无法与古树茶相比，泡七八次之后就已经滋味寡淡，后劲不足，容易出现水味。

古树茶与台地茶不同，从口感上就能区分开。香气沉稳、回甘猛烈、喉韵凸显……一口茶喝下去，整个下午回甘都在喉间若隐若现，且从不间断。

台地茶也有高扬的香气、甜甜的回甘，可少了喉韵，就是差点儿火候。不得不说，多了一个"古"字，可是多了上百年的光阴呀！

台地茶汤

叶底对比

古树茶冲泡后叶子舒展程度好，肥大且弹性、柔韧性好；而台地茶不易舒展，质感薄小且脆硬。古树茶的叶脉清晰，一般在15对叶脉左右。

台地茶叶底与古树茶叶底

❧ 味道对比 ❧

古树茶入口滋味醇厚，苦涩味所化出的甘性让口腔生津，韵味久留于口腔、喉头，陈茶的能量释放得慢些，茶气的表现慢慢体现出来，让人感觉更加舒服。

台地茶的厚度不足，留存在口腔中的茶味短暂，生津不明显，韵味短暂，陈茶所含的能量也相对较少且释放得快，适口度偏弱。

尽管台地茶的质量不如古树茶，但其产量是古树茶的10倍以上。所以，目前市场上大部分的普洱茶都是台地茶，纯料古树普洱茶很少。当然还有一部分是用台地茶和古树茶经过适当拼配而成的，品质优于台地茶，但与纯料古树茶相比还有一些差距。

判断一款古树茶到底好不好，主要看两点：一是持续性；二是稳定性。持续性主要指茶的耐泡度，古树茶连续冲泡10次以上，仍

泡茶

然能够获得非常好的品饮体验，说明古树茶的品质很高。至于稳定性，同样在连续冲泡的情况下，后期茶汤的滋味与前期没有太过明显的差别，就表明稳定性高，内质更丰富，茶叶品质更好。

品茶

古树茶与普洱茶

古树茶所制作的普洱茶，实在有其好处：茶树树龄长，滋味自然丰厚，在丰厚滋味外喉咙中会带有回甘。

黑茶所选的茶种主要是普洱茶和古树茶，而黑茶区别于其他茶类的主要特征是越陈越香。

古茶树（七）

古树茶与大树茶

　　大树茶和古树茶可从茶树外形、树龄及口感等方面加以区别。大树茶产自乔木型茶树，树龄在30～100年，树高5米左右，一般树龄越大，口感越温润。古树茶树龄大多在300年以上，不过唐代及唐代之前的树龄可达1000年以上，树高10米以上，所制晒青绿茶，汤色绿黄，香气清爽，略带野生茶特有的腥味。

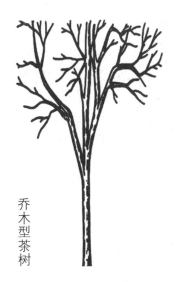

乔木型茶树

小乔木型茶树

灌木型茶树

古树茶属于红茶还是绿茶

古树茶不属于红茶也不属于绿茶，属于普洱茶。古树茶存放越久，韵味越深，汤色越浓，茶香越内敛。古树茶生茶在保存时需要维持阴凉干燥和通风的环境。

古树茶属于普洱茶，古树代表的是茶树的树龄，在普洱茶中能够被称为古树茶的，产茶树龄皆在几百年，叶质丰富，品质优异，产量较低，并且通常用作生茶的制造。

茶汤和茶饼

　　古树茶干茶条索紧结清晰，茸毛显毫，色泽油亮，存放时间愈久，汤色愈深。古树茶香气总体以花蜜香为主，并且干茶茶香更为内敛，口感协调性好，生津快，回甘长。

　　古树茶生茶内质丰富，成分保留更为完整，适合长期保存和转化。储存时需要保持阴凉干燥和通风的整体环境，并且不能与其他有异味的物品一起储存。控制恒定的温度便于转化。

大树茶的茶树

如何辨别古树普洱

看滤网

可通过滤网上遗留的杂质辨别古树茶叶。如果滤网上留下的杂质是焦叶，说明采用的是铁锅杀青，因为铁锅杀青更容易出现焦叶。如果有很多灰尘，说明加工过程中是直接晒在地上，再用扫把扫起

看杂质

的，卫生不达标。

看汤色

将古树茶冲泡之后，要先观察其汤色。如果茶汤混浊，说明在加工过程中杀青和晒青的工艺不熟练，没有达到要求。因为在杀青过程中用机器杀青或者卫生不达标等都会导致茶汤混浊，这样的古树茶不是好茶。

看汤色

看叶底

古树茶的精华都在茶的芽头上。如果采摘的是靠近主干的茶叶，则木质化非常严重，内含物非常少，不是什么好茶。所以，可以根据叶底的嫩度来选择古树茶。如果叶底芽头少，老叶片多，说明不是好的古树茶，这样的茶滋味不充分，且没有多少香气。

看叶底

看扩性

仔细观察茶的形态和光泽，还可以将茶叶捧起来，放到鼻尖闻一闻，品品香气，体会是否有异味。也可以将泡过的茶叶叶底放在手心，轻轻拉扯或者搓揉，如果茶叶的柔韧性和弹性非常好，说明它是以树龄较长的古树茶为原料制作的。

看扩性

方　池

宋·陆游

莫笑方池小，清泉数斛宽。

照花红锦烂，洗研黑蛟蟠。

日取供茶鼎，时来掷钓竿。

秋风过栏角，也解作微澜。

第五章

传承与振兴

山高谷深茶王树

千年百年靠大家

传承与保护

为了传承古树茶，我们要了解三点：一是近50年来，古茶树的生长环境遭到一定破坏；二是古茶山、古茶树的保护措施正在逐步完善，采摘、养护需要科学知识与经验；三是在实际生产管理中，古茶树数量有限，茶叶产量少，市场需求大。当今社会对古树茶文化的解读较为片面，消费者对古茶树的认知不全，茶文化的传播发

年轻的古茶树

展需要继续加强。

立法保护古茶树资源早有先例。2017年9月1日，《贵州省古茶树保护条例》开始施行。这是全国首部省级层面关于古茶树保护的地方性法规，明确界定了贵州省古茶树定义、保护管理、开发利用、法律责任等方面的内容，使保护和合理利用贵州省古茶树资源走上法治化轨道。

云南省在传承发展古树茶文化方面也积极作为。《云南省古茶树保护条例》自2023年3月1日起施行，被誉为云南省古茶树保护的里程碑。同时，《古茶树》（LY/T 3311—2022）行业标准也于2023年4月1日起正式实施，这将对云南古树茶生产的规范起到极大的推动作用。

古树茶是自然的恩赐，是不可复制的瑰宝。随着行业标准的丰富，"正本正源"的古树茶一定会走入大众视野。相信在良好的市场环境下，自然、纯净、无污染的古树茶会再续辉煌。合理的采摘、开发、人工保护，加上市场的诚信行为，会让古树茶产品的道路越走越宽。

✦ 养在深闺人未识 ✦

20世纪90年代以前，云南的古树茶尽管品质优良，但是那时的古茶树产量低，再加上山高路远，采摘难度大，茶农卖1斤茶叶都买不回1斤盐巴。后来，随着云南大规模发展密植高产的现代茶园，古茶树逐渐失去了光辉，有的成为"砍头树"，被直接砍掉，种上高产的现代茶树，或者其他经济作物。

随着普洱茶市场的恢复，古树茶因其独特的价值与魅力，受到越来越多消费者的关注。经历了成百上千年风雨的古茶树，积累了足够多的内含物质，口感丰富、层次分明，而且有特属于古茶树的韵味。茶叶的收藏价值，来源于茶叶的转化。对于一款优质的普洱茶来说，高品质的原料、优良的制作工艺、得当的存储……这些优点是必须具备的。古树茶的原料无疑为普洱茶的收藏价值打下了坚实的基础。

1996年是普洱茶历史的一个转折时间点。在此之前，普洱茶主要是外销型产品。1996年，出口配额制度取消之后，国营茶厂有了自主经营权，港台及珠三角地区的茶商开始来到云南，向茶厂自行定制茶品。当时古树茶和台地茶基本上都是混采的，当茶商无意中发现某个片区的原料香气、滋味、口感和厚度都非常好的时候，他们顺藤摸瓜，寻找原料的来源，古树茶开始进入他们的视野。那个时期号称以"古树茶"为原料定制的茶品，到今天早已成为市场上抢手的中期茶。

古茶树林

新的希望

2005 年，普洱茶开始复兴，"古树茶"开始重新被关注。古树茶因为纯天然、原生态、无污染，契合了现代人向往回归自然、重视食品安全的消费心理，很快成为新的普洱茶消费、

普洱茶展示墙

投资热点，让处于低潮期的普洱茶市场燃起新的希望。一些山头名称很快传播开来，比如，南糯山、老班章、勐宋、易武、冰岛、景迈……生产方式开始逐渐规范。

千年茶乡的传承与关怀

昌宁县多家茶企成功申报"昌宁红茶"国家地理标志证明商标和地理标志产品保护认证。昌宁县是云南省首个出口茶叶质量安全示范区。昌宁古茶树资源十分丰富，保护工作任重道远。"漫山遍野自生茶"，高海拔低纬度的特殊区位、深厚的腐质酸性土层和澜沧江水系的滋润，为昌宁生产优质茶叶提供了得天独厚的条件。中国是

世界公认的茶树起源地，云南是中国茶树的主要分布区，澜沧江沿岸则是古茶资源的中心地带。昌宁境内千年野生茶树的富集，再一次证明了这一无可辩驳的事实。

据一位老茶农讲，在过去的年月里，没人重视古树茶，古树茶产量不高，且很难采摘，每天爬上爬下的，费时费力，也卖不上价钱。有些茶农甚至把在山上采的古树茶偷偷地掺到新茶园的小树茶菁里卖，还怕被人发现。如今，人们都认识到了古树茶的珍稀品质，可得好好侍弄这些古茶园，不能让祖宗留下的茶园毁在自己手上。经过一代代茶农的呵护，古茶树生长得茁壮饱满。他家这片古茶园是祖上留下来的，有十几亩，好年景采的茶菁差不多能做100千克干茶叶。为了把自家茶园侍弄得更好，他每天清早便来到茶园锄草、翻耕、修树剪枝，一直干到天黑才回家。

古树茶采摘

振兴与发展

东北大学与昌宁县结缘

　　"十年树木，百年树人。" 2023 年是东北大学定点帮扶云南省保山市昌宁县的第十年，又正值东北大学建校百年。十年昌宁定点帮扶取得显著成效，百年东北大学育人取得丰硕成果。"传承非遗，振兴乡村"，也蕴含着"传承百年，振兴东大"之深意。

　　东北大学将继续秉持"奉献、友爱、互助、进步"的志愿服务精神，努力做好帮扶工作，为建设美丽新昌宁献上自己的一份力量。

参观茶叶厂

昌宁与东大的十年约定

东北大学帮扶昌宁县始于2013年。十年来，东北大学在奉献云南、教书育人、参与当地建设方面取得了可喜的成绩。

截至目前，志愿团队结合当地实际开展了极具特色的"互联网惠农"公益项目，为当地老百姓培训互联网使用方法，建立互联网农产品销售平台，帮助当地老百姓卖核桃、茶叶等农产品，取得了良好的经济效益和社会效益。

十年来，东北大学研究生支教团的志愿者秉承"奉献、友爱、互助、进步"的志愿精神，在完成教学工作之余，发挥自己的专业特长，积极开展爱心公益项目，积极参与当地扶贫建设。在昌宁县支教期间，东北大学研究生支教团将昌宁县的宝贵财富之一——"古树茶"宣扬与传播出去，通过编写图书、新媒体宣传、帮扶销售

东北大学研究生支教团在茶厂社会实践

东大人在昌宁团结一心

等方式，让更多人认识古树茶，爱上古树茶，保护古树茶。

　　十年后的今天，东北大学将昌宁县漭水镇的古树茶故事带回了东北，以助力乡村振兴的初心和使命传播、宣传、推广古树茶故事，让更多人认识古树茶文化。

电商助力乡村振兴

传承
技艺

古茶树是一种常绿乔本植物，是造福于广大茶农的"摇钱树"，更是一种珍贵的自然遗产和宝贵的种质资源。保护和开发利用古茶树资源，有利于生态资源、文化资源、经济资源的最佳结合，符合生态文明建设的愿景，与绿色发展、改善生态环境的理念高度契合。

传承当先

茶文化是中华传统文化的重要组成部分，茶产业具有深厚的文化底蕴。保护和开发利用古茶树资源，挖掘、弘扬古茶文化，注重人文与自然的契合，可以更好地实现人与自然和谐发展。

昌宁县漭水镇的古树茶传承与振兴

　　漭水镇种茶历史有上千年，是昌宁县古茶树数量最多、分布最广的乡镇之一，是昌宁乃至滇西野生型、栽培型茶树的重要原产地。

　　全镇共有古茶树84485株，其中，块状分布面积2029.5亩，株数61554株，占总株数的72.9%；单株分布22931株，占总株数的27.1%。

　　经过几代茶人多年的努力，2022年全镇共生产干茶3725吨，实现茶叶农业产值21166.5万元，实现干茶平均价56.81元/千克，鲜叶平均价11.3元/千克。2023年，各茶农、茶企积极进行茶园管理，开秤前精心准备燃料，机械保养维护、资金筹措、茶叶生产都在有序进行中。截至 2023 年 4 月 10 日，全镇共生产干茶 240 吨，实现茶叶农业产值上千万元。

传统采茶穿的蓑衣

非 遗 名 片

中文名

漭水镇

行政区类别

镇

所属地区

云南省保山市昌宁县

地理位置

昌宁县东北部

面积

311 km^2

下辖地区

9个行政村

政府驻地

漭水镇漭水街1号

电话区号

0875

邮政编码

678111

车牌代码

云M

人口

27468人（截至2019年末户籍人口）

❧ 推动乡村产业高质量发展 ❧

做大做强农产品加工流通业。实施农产品加工业提升行动，支持家庭农场、农民合作社和中小微企业等发展农产品产地初加工，引导大型农业企业发展农产品精深加工。引导农产品加工企业向产地下沉、向园区集中，在粮食和重要农产品主产区统筹布局建设农产品加工产业园。完善农产品流通骨干网络，改造提升产地、集散地、销地批发市场，布局建设一批城郊大仓基地。支持建设产地冷链集配中心。统筹疫情防控和农产品市场供应，确保农产品物流畅通。

昌宁县是云南省乃至全国的重点产茶县。2016年，全县茶地总面积30.03万亩，有4.4万户20万人涉茶种茶，茶叶工农业总产值达1649亿元，茶叶产业在县域经济发展及助农增收中的支柱地位突显。近年陆续发现的大量野生型、过渡型、栽培型古茶树，充分证明了昌宁古茶历史之悠久、茶树种质资源之丰富。

振兴记忆

全国十大魅力茶乡、全国首批四大优质茶叶基地县、全国无公害茶叶生产示范基地县、中国十大生态产茶县、中国优质红茶示范县和云南省茶文化创作基地县，桂冠顶顶，昌宁人期冀千年、奋斗千年，硕果累累。

"一根丝"的工匠精神

唐代著名诗僧皎然在《饮茶歌诮崔石使君》一诗中写道："一饮涤昏寐，情来朗爽满天地。再饮清我神，忽如飞雨洒轻尘。三饮便得道，何须苦心破烦恼。"明代文学家杨升庵在谪戍永昌卫（今云南保山）时说："君作茶歌如作史，不独品茶兼品士。""一根丝"是昌宁方言，意思是一往无前、始终如一。昌宁人的"一根丝"精神，正是得益于古茶树植根千年、始终如一的启迪。昌宁人护茶，求人茶合一。古茶树资源的保护和开发利用，合乎时代要求。

◎ 诗文链接

采茶曲

清·黄炳堃

正月采茶未有茶，村姑一队颜如花。

秋千戏罢买春酒，醉倒胡麻抱琵琶。

二月采茶茶叶尖，未堪劳动玉纤纤。

东风骀荡春如海，怕有余寒不卷帘。

三月采茶茶叶香，清明过了雨前忙。

大姑小姑入山去，不怕山高村路长。

四月采茶茶色深，色深味厚耐思寻。

千枝万叶都同样，难得个人不变心。

五月采茶茶叶新，新茶远不及头春。

后茶哪比前茶好，买茶须问采茶人。

六月采茶茶叶粗，采茶大费拣工夫。

问他浓淡茶中味，可似檀郎心事无。

七月采茶茶二春，秋风时节负芳辰。

采茶争似饮茶易，莫忘采茶人苦辛。

八月采茶茶味淡，每于淡处见真情。

浓时领取淡中趣，始识侬心如许清。

九月采茶茶叶疏，眼前风景忆当初。

秋娘莫便伤憔悴，多少春花总不如。

十月采茶茶更稀，老茶每与嫩茶肥。

织缣不如织素好，检点女儿箱内衣。

冬月采茶茶叶凋，朔风昨夜又前朝。

为谁早起采茶去，负却兰房寒月霄。

腊月采茶茶半枯，谁言茶有傲霜株。

采茶尚识来时路，何况春风无岁无。

参考文献

[1] 习近平：高举中国特色社会主义伟大旗帜 为全面建设社会主义现代化国家而团结奋斗：在中国共产党第二十次全国代表大会上的报告 [EB/OL]. (2022-10-25)[2023-03-25]. http://www.gov.cn/xinwen/2022-10/25/content_5721685.htm.

[2] 中共中央 国务院关于实施乡村振兴战略的意见 [N]. 人民日报，2018-02-05 (001).

[3] 字光亮. 论云南古茶树种质资源和群落分布在世界上的地位和作用 [J]. 农业考古，2009 (2)：234-236, 255.

[4] 沈培平，郝春，刘学敏，等. 云南省古茶树资源价值及保护对策研究 [J]. 中国流通经济，2007 (6)：23-26.

[5] 潘志伟，陆志明. 谁来守卫古茶树? [J]. 环境保护，2011 (10)：35-36.

[6] 何青元. 制定《云南省古茶树保护条例》的建议 [J]. 云南农业科技，2022 (6)：4-6, 9.

[7] 赵潜恋. 中国少数民族茶文化研究 [D]. 北京：中央民族大学，2010.

[8] 俞曼悦. 东北大学多措并举齐发力，助力昌宁乡村振兴 [EB/OL]. (2022-12-28)[2023-03-25]. http://www.moe.gov.cn/jyb_xwfb/xw_zt/moe_357/jjyzt_2022/2022_zt04/dongtai/gaoxiao/202212/t20221228_1036819.html.

[9] 张德恩. 茶画昌宁 [M]. 昆明：云南人民出版社，2020.

[10] 中国非物质文化遗产网 [EB/OL]. (2021-01-01)[2023-03-05]. https://www.ihchina.cn/.